RAPPORT SUR LES TRAVAUX

DE LA

SOCIÉTÉ IMPÉRIALE

D'AGRICULTURE DE MOSCOU

PENDANT L'ANNÉE 1858

PAR

Le Secrétaire perpétuel ÉTIENNE MASSLOW

————————•❦•————————

PARIS

TYPOGRAPHIE LE NORMANT, 10, RUE DE SEINE

1859

« 21 janvier, en assistant et en présidant en personne la réu-
« nion solennelle de notre Comité d'Acclimatation. En qualité
« de Protecteur de cette Société, Son Altesse a passé en revue
« avec grand intérêt l'exposition d'oiseaux, préparée pour
« cette séance, et a remercié, dans les termes les plus affec-
« tueux, de leur zèle les membres du Comité; ensuite Elle a
« bien voulu examiner en détail notre École d'Agriculture et
« les cabinets scientifiques concentrés dans notre salle. Tout
« ceci, Messieurs, est bien flatteur pour tous les agriculteurs.

« En remettant ce rescrit à la Société, pour qu'il soit con-
« servé avec ceux des trois Empereurs, je pense que nous ne
« pouvons ouvrir la séance plus solennellement, que par l'ex-
« pression unanime de notre profonde gratitude envers Son Al-
« tesse Impériale, pour son gracieux rescrit, pour sa visite à
« notre Société et à notre École d'Agriculture, et, enfin, pour
« la protection bienfaisante qu'Elle accorde au Comité d'Accli-
« matation.

« C'est au sentiment général et à l'avis de MM. les Membres
« que je remets le choix des termes destinés à témoigner à
« Son Altesse toute notre reconnaissance. »

La Société, apppouvant de tout point la proposition de M. le
président, vote à l'unanimité une adresse de remercîment à
Son Altesse Impériale, et décide qu'il sera offert au Grand-Duc
un diplôme de membre honoraire de la Société; l'exécution de
cette décision est confiée au conseil.

M. le secrétaire perpétuel donne ensuite lecture du compte-
rendu des travaux de l'année 1858; il passe rapidement en
revue, en se basant sur les résumés publiés dans le *Journal
de l'Agriculture*, les objets qui ont occupé les différentes
séances de la Société et de ses comités.

Les preuves de la participation active de MM. les membres
aux travaux de la Société se trouvent dans les faits suivants :

1° Institution d'un *comité pour l'exploitation de la tourbe*,
sous la direction du professeur Kittary;

2º Installation, à Moscou, de la première *exposition d'oiseaux* du comité d'Acclimatation, renouvelée le 21 janvier en présence de S. A..I. le Grand-Duc Nicolas ;

3º Installation et ouverture d'un *hôpital-vétérinaire-pratique* auprès de la ferme de la Société ;

4º Renouvellement du comité pour la *propagation de l'instruction populaire*, sur une base religieuse, dont les règlements ont été arrêtés dans cette séance générale ;

5º Désignation de l'*École de sériciculture*, comme établissement central de la sériciculture, parce que, depuis trois ans, les éducations s'y accomplissent sans souffrir de l'épidémie qui ravage les magnaneries de France et d'Italie, auxquelles la Société de Moscou à adressé, à titre de cadeau, 600 gr. de graine en parfaite santé, récoltés cette année à l'École de magnanerie.

M. Annenkow donne lecture du rapport relatif à l'École d'Agriculture, et, en qualité de directeur de la section botanique du comité d'Acclimatation, appelle l'attention sur les expériences, faites avec beaucoup de succès au jardin botanique de la Société, sur l'ensemencement de l'espèce de luzerne connue en Chine sous le nom de *mou-syou*. Des semences en sont présentées à la séance par S. Exc. M. le membre actuel baron de Schlippenbach, qui explique en détail que dans ses propres terres, situées aux environs de Saint-Pétersbourg, cette plante est cultivée depuis huit ans, et qu'elle donne un foin très-nutritif et abondant. Le membre actuel de la Société, **M.** le comte Tolstoï, dit qu'il existe, à sa connaissance, dans le district de Makarieff, une contrée de prairies où la luzerne, ensemencée depuis quelques dixaines d'années, ne subit aucune dégénération par la gelée et donne de très-belles récoltes.

M. Bajanoff, directeur de la Ferme, lit un rapport sur l'état de cette institution ; quand il vient à parler de la récolte du blé, il rappelle les expériences faites sur les terres du baron Schlippenbach, au moyen de *la moissonneuse* de Maccormick, perfectionnée par Bourguès et Key. A cette occasion, **M.** le

baron Schlippenbach rapporte ses expériences; il annonce que
cette machine, travaillant à l'aide de quatre chevaux pendant
dix heures par jour, faisait la récolte sur une étendue de huit
arpents; ce fait est constaté par une récolte de quarante-six
arpents de blé faite l'an dernier.

Au sujet de la lecture que fait M. Kittary du rapport du comité de l'exploitation de la tourbe, le baron Schlippenbach fait
connaître qu'il emploie la tourbe non-seulement au chauffage
des poèles dits hollandais, sans changement dans leur construction, mais qu'il l'emploie sous la plaque de la cuisine et la fait
servir, dans les cuisines des domestiques, à la cuisson du pain
et des aliments, sans que ceux-ci contractent aucune odeur de
tourbe brûlée; ainsi ce combustible remplace complétement le
bois. La Société écoute avec reconnaissance les remarques pra-
tiques que fait M. le baron Schlippenbach.

Viennent ensuite les comptes rendus de la caisse; puis, sur
le rapport du Conseil, et après l'examen des travaux des
membres et des services qu'ils ont rendus, il est décidé qu'un
témoignage de la reconnaissance spéciale de la Société sera
offert :

I. — Section d'amélioration du bétail.

1° Au président, M. N. P. Schipow, pour l'installation et
l'ouverture, en 1858, de l'École vétérinaire de la Ferme de la
Société, et pour l'agrandissement de l'établissement mécanique
de cette même Ferme;

2° Au professeur A. E. Erschow, collègue du chef de la 3ᵉ
section, pour son concours incessant dans le perfectionnement
des machines et instruments préparés dans l'établissement,
appartenant à la Ferme.

II. — Comité d'acclimatation.

1° *Section de zoologie* : Au secrétaire général, A.-P. Bog-
danow;

Aux directeurs des sections :

Ornithologique, au professeur Kalynovsky; des mammifères, à S. A. Oussoff; des invertébrés, à A. J. de Lechner et à M. A. Issakoff, membre délégué du comité à Saint-Pétersbourg.

2° *Section de botanique et comité forestier :* au directeur N. J. Annenkoff, pour son utile et énergique concours.

La Société laisse au comité d'Acclimatation le droit de disposer, pour la récompense des membres, de trois médailles d'argent pour la section de zoologie, et de deux pour celle de botanique.

Le comité est chargé de distribuer des médailles en bronze et des mentions honorables aux personnes qui ont envoyé des oiseaux, des fleurs ou des arbres à l'exposition du 21 janvier dernier.

III. — Comité de sériciculture.

1° A M. A. F. Rebrow, qui prend un vif intérêt aux travaux du comité, et envoie tous les ans des graines de mûrier pour cet établissement ;

2° A M. P. J. Kripner, directeur de l'École-pratique de magnanerie, pour les soins apportés à la production des cocons; pour l'envoi de 3 kil. de graine de ver à soie non altérée, et pour le dévidage de cocons qu'il faisait constamment à l'École. et qui a servi de modèle pour l'établissement de deux grands dévidages ;

3° Aux membres du comité : N. J. Kaouline, curateur de l'École de magnanerie, A. A. Medintzeff et J. V. Zologouine, pour avoir concouru avec leurs collègues à l'établissement, à Moscou, de la première grande fabrique de dévidage, à Sokolniki, avec un appareil pour le peignage et le filage de la bourre de soie ;

4° A M. A. A. Sapojnikoff, pour l'établissement d'un dévidage à Astrackan, auquel la Société accorde en même temps le titre de membre actuel.

En même temps, on remet au comité un certain nombre de médailles en bronze et de mentions honorables pour les décerner aux membres et collaborateurs du comité, et aux personnes qui ont participé à l'exposition des soieries et à l'enseignement du dévidage des cocons à l'École-pratique de magnanerie.

IV. — Comité de culture du lin.

1° A. M. le membre honoraire S. Exc. W. J. Nasimow, pour son intervention dans l'expédition du lin de Kowno;

2° A. M. le membre actuel E. E. Ladigensky, pour envoi de lin de Pskow et de graine de lin destinée à la vente;

3° A MM. les membres du comité : W. A. de Grebner et A. P. Protopopow, pour leur concours constant aux travaux du comité.

V. — Rédaction du journal de l'Agriculture.

La Société adresse des remercîments spéciaux à tous ceux de ses membres et collaborateurs qui ont envoyé des travaux propres à être insérés dans le *Journal*, et en particulier à MM. les membres actuels : P. A. Kislowsky, W. A. de Grebner, A. S. Erchow, N. A. Gerebtzow, W. F. de Pantzer et N. P. Wagner;

De même, pour leur concours aux *Mémoires* du comité forestier et d'acclimatation des plantes, à MM. N. J. Gelesnow, le Dr E. J. Regel, W. M. Tscherniaew, A. K. Grell, N. A. Zaroudnü, P. H. Mayer, W. A Grebner, W. E. Graff.

La médaille d'argent est décernée, comme récompense, au membre actuel Welikdan, successeur, à l'École d'éducation des abeilles, établie sous les auspices de la Société, par le membre actuel Prokopowitsch, pour sa sollicitude dans la direction de cette École, qui a fêté l'année dernière le trentième anniversaire de sa fondation.

Sont nommés membres actuels de la Société, en raison de leur concours actif aux travaux des comités :

1° *D'acclimatation des plantes* : A. N. Mouraview, propriétaire à Koursk; A. P. Svérine et M. Sitovsky, rédacteurs de la *Flore Caucasienne;* T. J. Basiner, adjoint à l'inspecteur de l'Agriculture dans la Russie méridionale; P. M. Groumm, propriétaire à Simbirsk, et P. W. Romanow, rédacteur de la *Flore générale;*

2° *De sériciculture :* le Conseiller d'État G. A. Fessenkow, pour la propagation du ver à soie dans le gouvernement de Tchernigow

Sont nommés membres correspondants : A. J. Teploouhoff, forestier de l'Oural, et l'inspecteur A. N. Nikolsky, pour la part qu'ils ont prise à la rédaction des *Mémoires du comité forestier*.

De plus, la Société a décidé de témoigner sa reconnaissance à M. le membre actuel, comte M. W. Tolstoï, pour l'activité qu'il a apportée à remplir les fonctions du trésorier, emploi qui exige beaucoup de soins, de ponctualité dans l'inscription des sommes reçues et dépensées et la conservation des capitaux, non-seulement de la Société et de la section de l'amélioration du bétail, mais aussi des divers comités formés par la Société.

Au moment de clore la séance, M. le président fait la proposition suivante :

« Messieurs, nous avons exprimé notre reconnaissance à
« tous les membres et collaborateurs qui ont pris part aux tra-
« vaux de la Société. Permettez-moi de vous prier d'adresser
« nos sincères remercîments à notre vice-président, M. S. P.
« Schipow, qui a assisté constamment, pendant dix années, à
« toutes nos séances, et qui me facilite l'accomplissement de
« ma tâche, et de lui offrir une médaille d'or, comme témoi-
« gnage de notre reconnaissance. »

Tous les membres appuient avec le plus vif empressement cette proposition, et la médaille est transmise, par M. le prési-

dent, à Son Excellence qui remercie avec chaleur la Société
de cette attention.

Après la séance, les membres examinèrent les soieries ex-
posées dans la salle, et provenant des établissements : de
M. A. T. Rebrow, de l'École de sériciculture; de MM. A. A. Sa-
pojnikow et M. Odintzew; de même que les lins envoyés par
MM. Moricone et Peshkewitsch, de Nowoalersandrovsk, et
M. Ladigensky, de Pskow; les tissus de lin de R. A. Siromia-
tnikow; les ruches de l'École de Prokopowitch, placées dans
des cadres inventés par lui; et d'excellents légumes du jardi-
nier Sirotkine.

RESCRIT

DE S. A. I. LE GRAND-DUC NICOLAÏ NICOLAÏEWITCH AÎNÉ

*Donné au nom de M. le Président de la Société impériale
d'Agriculture de Moscou.*

Prince Serge Ivanowitch !

Selon le désir du Comité d'acclimatation des animaux et des plantes, que vous m'avez transmis dans votre écrit de ce 10 juin, j'ai accepté avec plaisir, d'après l'autorisation de Sa Majesté, le titre de Protecteur de ce comité. Voyant, d'après les rapports, qu'avec l'aide de la Société d'Agriculture, il a étendu son activité en élargissant les relations avec l'intérieur de la Russie et les Sociétés d'acclimatation étrangères, j'ai cru de mon devoir d'exprimer à Votre Excellence, en qualité de Président et de Fondateur de cette Société, ma reconnaissance pour votre concours dans la formation de ce comité.

Veuillez transmettre mes remercîments à Messieurs les membres de la Société, et spécialement à la cinquième section, pour l'assistance qu'elle a prêté au comité pour l'exposition des oiseaux, qui a eu lieu à Moscou cette année.

Saint-Pétersbourg, le 24 décembre 1858.

L'original est signé :

NICOLAS.

RAPPORT

DE LA

SOCIÉTÉ IMPÉRIALE D'AGRICULTURE DE MOSCOU

POUR L'ANNÉE 1858

Après une existence de quarante années, la Société voit, dès l'année 1858, le commencement, pour notre agriculture, d'une ère nouvelle par l'amélioration de la situation de nos paysans et leur délivrance du servage. Notre très-honoré président, le prince Serge Ivanowitch, en ouvrant la séance annuelle du 25 janvier, a dit : « Dieu veuille, Messsieurs, que « vous coopériez paisiblement et de toute votre âme aux vues « généreuses de notre très-aimé Monarque. Je serai bien aise, « si Dieu prolonge mes jours jusques-là, de voir vos efforts « pour l'amélioration de l'agriculture, sous de nouvelles con- « ditions économiques ; car je suis persuadé qu'elles ne chan- « geront pas chez les agriculteurs leurs sentiments de respect « et de reconnaissance pour les bons seigneurs, pourvu que « ces derniers continuent d'être leurs protecteurs dans le mal- « heur, et leurs défenseurs contre les injustices, ainsi que l'ont « fait jusqu'à présent les bons seigneurs. » Dans ces paroles du vieillard est résumé le programme du but de la Société : seconder les intentions généreuses du Monarque, en même temps que l'autorité morale d'un seigneur dont les paysans sont heureux. Les principales terres, dans le district de Dan-koff, quant au bien-être des paysans, sont considérées comme les meilleures, ainsi que j'ai pu le constater en personne sur les lieux, l'année dernière.

Après la séance annuelle de janvier, la Société eut, conformément aux règlements, durant l'année, cinq séances générales et des réunions mensuelles du Conseil. Le présent rapport est basé sur les procès-verbaux des comités composant la Société, et sur les rapports de ses établissements. Notre rapport est fait pour MM. les membres absents, et pour tous les lecteurs du journal de la Société; ainsi chaque membre peut constater la véracité de ce rapport, en le comparant aux résumés imprimés de la Société.

Revue générale des séances de la Société.

22 février. — Dans cette séance ont été répétées les paroles déjà citées de M. le président. Mais, pour pouvoir complétement mettre à profit l'expérience des membres-propriétaires, et, par là, seconder le gouvernement dans cette affaire si importante pour le bonheur de la patrie, et en vue des nouvelles relations agricoles qui seront l'objet de nos travaux, on trouva indispensable de formuler préalablement le programme des questions agronomiques, qui demandent à être étudiées spécialement.

Vu que, dans l'origine, la Société n'avait pas pour but l'étude de la question de l'abolition du servage, celle-ci n'est pas indiquée dans ses règlements. Elle a été décidée par la volonté suprême de S. M. l'Empereur; c'est pourquoi M. le président a présenté à M. le ministre d'État une demande, afin d'obtenir pour la Société l'autorisation de traiter la question du servage, et d'imprimer dans son journal des articles relatifs à ce sujet.

Le membre actuel, A. M. Marcowitsch, a présenté son opinion sur l'intervention de la Société d'Agriculture dans la question actuellement pendante sur le changement des rapports entre les propriétaires et les paysans, opinion que la Société a

décidé de publier. Les membres actuels, le prince A. D. Lvoff
et D. N. Zazetsky, ont présenté leurs vues sur les mesures qui
ont été jusqu'ici prises en considération dans la discussion de
cette question, en ce qui touche l'indemnité à donner aux seigneurs propriétaires du sol.

En attendant l'autorisation de M. le ministre, la Société
continue de poursuivre son but : l'amélioration de l'agriculture
et le développement des sources de la richesse du pays et de
la civilisation du peuple.

Conformément à ce but, le conseil porta son attention dans
cette séance : 1° Sur l'*inoculation de la peste* et sur les expériences, couronnées de succès, qui ont été faites à ce sujet dans
les biens du membre actuel, N. E. Krischtofowitsch (dans le
gouvernement de Smolensk), par M. Rasdolsky, professeur-
vétérinaire à l'Institut de Gorigoretzky. Les ravages produits
dans les ménages par la peste, firent de suite comprendre la
nécessité de répéter de pareilles expériences et donnèrent l'idée
de l'avantage qu'il y aurait à établir à la Ferme une école pratique de vétérinaires.

Ensuite le professeur Kittary présenta le projet de former,
dans le sein de la Société, un *comité pour l'exploitation de la
tourbe.* Ce projet a été admis. Le membre actuel Hermann,
chimiste, présenta son ouvrage sur le *naphte-guil*, le baïké-
rite et l'asphalte, nouvellement découverts dans l'île de Tsche-
lokane, dans la mer Caspienne, et en grandes quantités près de
Bâcou. C'est un très-bon combustible, pouvant servir à la fabrication de bougies (qui ont brûlé pendant la séance) et qui ne
cèdent en rien à celles de sperma ceti. L'industrie a-t-elle tiré
quelque avantage de la fabrication et de l'emploi du naphte-
guil, auquel M. Hermann donne le nom de *kérite* ? Nous n'en
avons pas encore de preuves suffisantes. De même les archi-
tectes, les peintres et les fabricants n'ont pas prêté l'attention
nécessaire à l'emploi du *verre soluble* en architecture, en pein-
ture et dans les produits manufacturés, quoique dans la même
séance il ait été présenté à la Société, par le *Journal des ma-*

nufactures et du commerce, numéro de février, de nouvelles preuves des différentes et utiles applications du verre soluble. Nous qui possédons le magnifique temple du Sauveur, construit en l'honneur de la guerre de 1812 et orné de bas-reliefs magnifiques en calcaire, qui ne tarderont pas à être détruits par les pluies et les froids, nous restons indifférents à la découverte de M. Kuhlmann, tandis que le fronton sculpté du nouveau Louvre de Paris a été, comme modèle, pénétré de verre soluble. Il a été publié à ce sujet dans *le Moniteur universel* un long rapport, adressé au Ministre de l'agriculture par la commission chargée d'étudier la découverte de M. Kuhlmann et son application à la conservation des monuments. Il en a été aussi question dans le journal anglais *Galignani Messenger*, du 29 décembre 1858. Voilà déjà deux ans que notre Société parle de cette découverte dans ses séances, et dans les résumés qu'elle publie, et dans le *Journal d'Agriculture*, et qu'elle invite les intéressés à s'en occuper; cependant jusqu'à présent on ne connaît aucun résultat. Tout se borne aux articles de journaux, et l'indifférence de nos voyageurs à Paris fait que nous ne recevons pas une ligne, pas une nouvelle sur une découverte aussi importante que celle de la conservation, au moyen du verre soluble, des monuments d'architecture et de sculpture faits en pierres aussi molles que le sont nos calcaires.

D'après la communication faite par le département de l'agriculture, concernant le désir exprimé par M. le Ministre des Domaines, qu'il soit fait à la Ferme de la Société des expériences sur le *drainage*, on destina, dans cette séance, à ces expériences, une somme de 12,000 fr. prise dans les réserves, avec la demande de charger de ce travail M. Koslovsky, ingénieur de l'Institut de Gorki. Cet ingénieur est venu à Moscou en septembre, a inspecté les champs appartenant à la Ferme, et après avoir fait un budget pour l'établissement complet d'une *École pratique de drainage*, il l'a présenté à M. le Ministre, dont nous attendons encore la décision.

18 mars. — La séance était purement agronomique. Le

membre actuel, A. P. Schipow, a analysé la seconde partie
des articles du membre actuel, comte N. S. Tolstoï. Le membre honoraire comte A. A. Babrinsky, communique ses remarques sur un ensemencement en luzerne d'une étendue de 2,500
arpens dans ses terres de Smielo (gouvernement de Kiew), expérience étonnante par sa grande étendue. Le membre actuel,
baron E. V. Ramsay, présente ses remarques sur les avantages
que lui offre, dans ses terres en Finlande, la culture de quelques plantes. Le membre actuel, prince Engalitscheff transmet,
par l'intermédiaire de M. Avksentieff, ancien élève de l'École
d'agriculture, des détails relatifs à la direction de ses terres,
dans le gouvernement de Tambow. Le membre actuel, M. Men-
ginsky, fournit des notions sur les moyens employés par lui
pour améliorer la situation et les ménages des paysans du gouvernement de Mohilew. Le membre actuel, M. Wissotzky, parle
de la culture du tabac dans le gouvernement de Woroneg ; ce
tabac provient de graines d'origine américaine. Tous ces sujets
ont fait échanger les opinions et observations de membres, et
ainsi furent closes, conformément aux règlements, les séances
d'hiver.

S'il n'y avait pas sous les ordres de la Société des établissements tels que l'École d'agriculture et la Ferme, s'il n'y avait
pas de section pour l'amélioration du bétail et de comités spéciaux pour l'étude des questions contemporaines sur les parties
les plus importantes de l'agriculture ; l'activité de la Société
serait arrêtée là jusqu'au mois d'octobre et se serait bornée aux
affaires examinées par le conseil ; mais avec de tels établissements comme l'École de sériciculture et les comités, cette activité n'a cessé de se manifester avec succès pendant tout l'été.

Sur les séances d'été et travaux des Comités de la Société.

Le 5 mars, le comité des raffineurs, tenait une séance sous
la présidence de M. N. P. Chichkow, qui attira une attention

particulière sur un appareil évaporatoire inventé par le membre actuel M. S. M. Glébow.

Le 13 mars eût lieu la réunion du comité de sériculture, qui traça le cours des occupations de son École et de messieurs les membres, par rapport à l'éducation du ver à soie pendant l'été.

Le 4 avril, séance de la section de la Société pour l'amélioration du bétail, sous la présidence de M. N. P. Schipow, élu à la place de M. A. J. Koschelew, qui avait demandé sa retraite. Dans cette séance, le président proposa : de former un hôpital pratique vétérinaire ; de faire venir de l'étranger quelques races de ruminants, pour l'amélioration des espèces russes, et d'établir à la Ferme de la Société des expositions annuelles de bétail ; de s'occuper des expériences sur l'inoculation de la peste aux ruminants, et de se mettre en relations avec les propriétaires qui s'occupent de l'éducation du bétail, pour pouvoir propager leurs remarques intéressantes.

Il fût décidé dans cette séance qu'on achèterait un emplacement et une maison pour établir l'hôpital vétérinaire, en destinant à cela une somme de 14,000 francs. Une autre somme de 12,000 francs est consacrée à faire venir de Hollande des animaux de race. L'hôpital fut construit et a été ouvert en septembre ; les dispositions nécessaires ont été prises pour faire venir le bétail.

14 avril. — Séance de la section de botanique du comité d'acclimatation, sous la présidence de M. N. J. Annenkoff, qui a fait connaître les relations étendues que ce comité avait avec toute la Russie.

2 mai. — Ouverture du comité pour l'exploitation de la tourbe.

27 mai. — Séance du comité d'acclimatation des animaux et des plantes, dans laquelle on annonça la triste nouvelle de la mort du professeur Rouiller, un des fondateurs du comité, et la promesse solennelle de ses élèves et collaborateurs de continuer les travaux commencés par lui. Dans cette séance la section zoologique du comité se partagea en quatre commissions : 1° des mammifères, 2° celle des oiseaux, 3° celle des poissons, 4° celle des reptiles :

5 *juin*. — Le conseil de la Société, présente à la Société d'amélioration du bétail, pour être approuvé par elle, un règlement de la section d'Orel du comité d'acclimatation. Ce règlement est approuvé et envoyé à la section d'Orel pour la guider dans ses travaux.

6 *juin*. — Séance de la commission ornithologique sous la présidence du prince S. J. Gagarine, dans laquelle (d'après la proposition du directeur de la commission, le professeur Kalinovsky) on jugea utile d'instituer à Moscou la première exposition d'oiseaux. Cette exposition fut ouverte le 31 août à l'École d'Agriculture et a été honorée deux fois de la visite de la grande-duchesse Marie Alexandrowna et du prince Pierre d'Odenbourg et d'un nombreux public. Le comité d'acclimatation à trouvé un haut Protecteur dans la personne du Grand-Duc Nicolaï Nicolaievitsch, et Son Altesse a communiqué au comité l'approbation complète donnée par S. M. l'Empereur pour l'institution de cette exposition, qu'Elle daigne trouver très-utile.

3 *septembre*. — Ouverture de la section d'Orel du comité d'acclimatation.

12 *septembre*. — Séance de la commission ornithologique du comité d'acclimatation pour la distribution des récompenses décernées à l'exposition d'oiseaux. Cette exposition exigeait de la part des membres des travaux énergiques pour la constituer, et beaucoup de connaissances scientifiques pour décerner avec impartialité les récompenses aux exposants. Tout a été exécuté comme l'exigeait l'honneur du Comité et de la Société.

10 *octobre*. — Avant l'ouverture des séances de la Société, eut lieu la réunion du Comité d'acclimatation des plantes et des animaux.

A l'École de Sériciculture, est à remarquer : 1° la santé florissante des vers et la production, avec 22,000 cocons, de 3 kil.

de graine ; une livre des graines fut envoyé comme cadeau aux Sociétés d'agriculture et d'acclimatation de Paris, et 1/4 de livre à Turin et à Milan où l'épidémie avait complétement fait manquer la récolte.

2o L'établissement par la compagnie d'une immense fabrique, près de Moscou, à Sokolniki, pour le dévidage des cocons et le filage de la bourre de soie, opération à laquelle ont surtout participé nos membres : Kaouline, Medintzeff et Zaloguine ; — et l'établissement par A. A. Sapojnikoff d'un dévidage de cocons à Astrachan. Ces deux établissements ont été formés à l'exemple du dévidage de cocons établi à notre École de Sériculture dont on se propose de faire l'établissement central pour la production de la graine saine.

3o. A. G. Rebrow a eu l'honneur de présenter en personne à S. M. l'Impératrice 80 kil. de soie obtenue chez lui pour la fabrication d'étoffes pour le palais ; Sa Majesté à daigné lui adresser des remerciements.

Le Comité d'Acclimatation reçut la nouvelle de l'autorisation donnée par S. M. l'Empereur au Grand-Duc Nicolaï Nicolaievitsch d'accepter le titre de Protecteur du Comité.

Vous voyez, Messieurs, que l'activité de la Société est appuyée sur celle de ses comités et qu'elle continuait sans interruption sa marche pendant l'été ; néanmoins le secrétaire, quelque indispensable que fût sa présence, reçut la mission de visiter les plantations forestières du membre actuel F. X. Mayer, faites sur les terres de MM. Chatilow, dans le district de Novossilsk ; il s'est empressé d'accomplir les vœux de ses confrères.

Réouverture des séances d'hiver de la Société.

18 *Octobre*. A l'ouverture des séances de la Société, MM. les Directeurs de l'École, de la Ferme et des comités présentèrent des rapports sur les travaux exécutés par eux durant l'été.

Dans cette séance on donne lecture de la note du membre actuel prince W. P. Wolchonsky : *De l'influence de l'industrie manufacturière sur le bien-être des paysans*, à laquelle était joint un rapport sur sa fabrique de gomme ; l'article se termine par des « remerciements à Dieu pour le passé et par un espoir infaillible pour le futur. » Ces dernières paroles d'un membre bon, actif et utile, qui aime notre Société, nous ont paru très-remarquables. Le 4 janvier, il rendit son âme à Dieu. C'est pour nous une grande perte. Dans cette dernière note émanée de lui, on trouve exposé, comme par pressentiment, tout ce qu'il a déployé d'activité depuis 1832 dans l'introduction et la propagation en Russie, de la fabrication de la gomme de pommes de terre (dextrine). Le Prince W. P. a surtout exprimé son attachement à la Société en 1846, époque à laquelle il prit une part énergique à la première exposition de la Société, qui eut lieu à la Ferme, le jour du vingt-cinquième anniversaire de sa fondation. Il se chargea de la construction d'une des parties, et, bien que demeurant à 9 kilomètres de la Ferme, il n'en alla pas moins la visiter tous les matins pendant trois semaines. L'exposition fut, par ses soins et ceux de ses collègues, arrangée avec intelligence et élégance, tandis que le comité, chargé de l'établir, avait déclaré, vingt jours avant l'anniversaire, qu'on n'avait pas les matériaux d'une exposition. De pareils services ne s'oublient jamais, car ils ont sauvé l'honneur de la Société et le prince W. P. Wolchousky a prouvé tout l'attachement qu'il lui portait, et combien il tenait à sauvegarder son honneur. Après la perte d'un aussi zélé confrère, il est de mon devoir de rappeler les immenses services qu'il a rendus à la Société.

Dans la séance *du 15 novembre* est lue : 1° la réponse de M. le Ministre des Domaines à la communication faite par M. le président à l'effet d'obtenir pour la Société l'autorisation de discuter et d'écrire dans son Journal des articles relatifs à la question de l'émancipation des paysans, surtout au point de vue agronomique. M. le Ministre trouve que la discussion de sujets purement politiques et administratifs n'est pas du ressort de la Société, dont le but est l'Agriculture ; que, de plus, en ce qui touche aux rapports à établir entre les seigneurs et les paysans, le Gouvernement organisait des comités spéciaux dont MM. les membres-propriétaires de la Société peuvent faire partie. Quant à ce qui concerne la publication d'articles à ce sujet dans le journal de la Société, on suivra les règlements généraux de la censure.

Ici, je ferai observer que, en novembre, une communication du comité de censure de Moscou a annoncé que la publication dans le journal d'articles sur ce sujet était autorisée. La Société prit en considération cette réponse dans ses séances, car, au point de vue agronomique, la question de la liberté du travail est un sujet essentiellement du domaine des Sociétés agricoles, comme nous le verrons d'après le rapport du membre actuel P. A. Kislowsky, présenté par lui dans cette séance.

2° M. le Ministre des Domaines informe M. le Président qu'il propose d'utiliser les plantations de murier qui existent dans les anciennes colonies militaires du Sud, et, dans ce but, Son Excellence à l'intention de les donner en fermage ou de les vendre. Cette proposition est transmise au comité de sérici-culture, qui espère pouvoir seconder les vues du ministère.

3° On donne lecture du rappost de M. S. P. Welikdane, successeur de M. Prokopowitsch, sur le jubilé du trentième anniversaire de la fondation de l'École pour l'éducation des abeilles, située près de Batourine ; ce rapport contient des éloges sur l'état actuel de cette École par les membres actuels Grgimaïlo et Fesseukaff. Il est très-agréable pour la Société que cet établissement, fondé par elle, rende déjà des services à l'État depuis 30 ans.

4°. Le Membre actuel P. A. Kislovsky proposa d'inviter les propriétaires à un concours pour traiter cette question : *décrire les systèmes les plus convenables d'exploitation des prés et des autres branches de l'agriculture dans différentes parties de la Russie, en supposant le travail libre*, et commença par offrir 200 fr. pour la fondation d'un prix. Comme cette question demande beaucoup de développements, non seulement par rapport au climat, mais aussi à d'autres conditions indispensables, le membre actuel A. M. Bagenow fut chargé de poser les bases de discussion de cette question et de la soumettre au conseil.

5º. Sur la proposition du vice-président S. P. Schipow et la présentation du secrétaire perpétuel il fut décidé de rétablir dans la Société le *comité pour la propagation de l'instruction dans le peuple sur la base religieuse;* dans ce but, une commission spéciale fut chargée de revoir les anciens règlements, conformément à l'état actuel de la question, et, après l'approbation du conseil, de le donner à confirmer à la Société, ce qui est exécuté dans cette séance.

Le 20 décembre, jour de l'ouverture en 1820 des séances de la Société, il fut lu, par le secrétaire perpétuel, une revue des travaux exécutés par la Société pendant ces trente-huit années précédentes ; ensuite fut communiqué par le comité d'acclimatation la nouvelle, reçue avec la signature du Grand-Duc Nicolaï Nicolaievitsch et de plusieurs membres de la Famille Impériale, *de la formation à Pétersbourg d'une section de comité d'acclimatation de Moscou,* fondée sur les mêmes bases que celles d'Orel.

Dans cette même séance, le secrétaire perpétuel a lu son rapport sur le voyage exécuté par lui par ordre du conseil, pour inspecter les plantations forestières faites par le membre actuel Mayer dans les propriétés des membres actuels Chatiloff (district de Novosil).

Pendant les mois d'hiver il y eut encore d'autres séances : *le 31 octobre*, celle de la commission du comité d'acclimatation pour les invertébrés, sous la présidence du directeur A. von Lechner ; *le 3 novembre*, celle de la section botanique du comité d'acclimatation, sous la présidence de N. J. Annenkoff ; *le 5 novembre*, celle de la cinquième section pour l'amélioration du bétail ; pendant cette séance il fut fait un rapport sur l'établissement près

de la Ferme d'un hôpital-vétérinaire, ayant pour but de perfec-
tionner les élèves de l'École d'Agriculture et de la Ferme, et de
venir en aide aux habitants de Moscou, où jusqu'à présent il n'y
avait pas encore d'hôpital-vétérinaire.

Par ce rapide coup-d'œil vous pouvez voir, Messieurs, que,
tandis que certains de ses membres s'occupaient spécialement
de la grande question de la libération des paysans, la Société
faisait en outre remarquer son activité en 1858 :

1° Par l'établissement du comité pour l'exploitation de la
tourbe ;

2° Par l'institution à Moscou de la première exposition d'oiseaux (laquelle a été répétée ce 31 janvier);

3° Par la fondation, près de la Ferme, d'un hôpital-pratique-
vétérinaire ;

4° Par le rétablissement du comité pour la propagation dans
le peuple de l'instruction fondée sur une base religieuse.

Et ici, Messieurs, il ne s'agit pas seulement de paroles, ce sont
des faits qui exigeaient l'amour du travail et beaucoup d'efforts
pour être accomplis. Une telle direction des travaux de la Société lui valut la très-haute attention de S. M. l'Empereur, qui
a confirmé comme chose très-utile l'exposition des oiseaux, et
la faveur d'assister à la séance du comité d'acclimatation, pré-
sidée par S. A. I. le Grand-Duc Nicolaï Nicolaievitsch.

C'était un grand bonheur pour le comité et un honneur inat-
tendu pour la Société d'agriculture de Moscou, de voir pour la première fois à sa tête le frère de notre auguste Souverain. Cette
séance, glorieuse pour nous, rendra fiers nos membres dispersés
dans tout l'Empire ; elle animera leur courage et excitera leur
zèle pour la science et pour l'utilité publique, quand ils appren-
dront que l'auguste frère de l'Empereur prend un si vif intérêt
aux travaux paisibles des agriculteurs pour le bien public.

Messieurs les directeurs de l'École d'agriculture, de la Ferme
modèle, des comités et de la rédaction du journal vous remet-
tront des rapports détaillés ; quant aux comptes-rendus de nos
établissements, ils seront réunis sous forme de supplément, tan-

dis que, conformément à la décision de la Société, j'ai l'honneur
de vous présenter, pour que vous les confirmiez, *les règlements
du comité pour la propagation de l'instruction dans le peuple*,
à l'aide duquel la Société espère concourir avec plus de succès à l'amélioration future de la situation des paysans, car elle
pense qu'avec l'émancipation des paysans, il faudra leur donner
plus d'instruction, sans laquelle l'homme ne sait ni employer
sa liberté, ni en profiter fructueusement.

Le secrétaire perpétuel,

E. MASSLOW.

www.ingramcontent.com/pod-product-compliance
Lightning Source LLC
LaVergne TN
LVHW021447060726
842527LV00006B/2108